FORSCHUNGSBERICHTE DES LANDES NORDRHEIN-WESTFALEN

Nr. 1508

Herausgegeben
im Auftrage des Ministerpräsidenten Dr. Franz Meyers
von Staatssekretär Professor Dr. h. c. Dr. E. h. Leo Brandt

DK 678.073
678.01 : 539.56

Prof. Dr.-Ing. Alfred H. Henning †
Prof. Dr.-Ing. habil. Karl Krekeler
Dipl.-Ing. Arne Rothenpieler
Dipl.-Ing. Rainer Taprogge

Institut für Kunststoffverarbeitung in Industrie und Handwerk
an der Rhein.-Westf. Techn. Hochschule Aachen

Einfluß des Umformgrades auf die Kaltsprödigkeit thermoplastischer Kunststoffe

WESTDEUTSCHER VERLAG · KÖLN UND OPLADEN 1965

ISBN 978-3-663-06263-9 ISBN 978-3-663-07176-1 (eBook)
DOI 10.1007/978-3-663-07176-1

Verlags-Nr. 011508

Gesamtherstellung: Westdeutscher Verlag

Inhalt

1. Verzeichnis der verwendeten Abkürzungen

Temperatur	ϑ	[°C]
Recktemperatur	ϑ_R	[°C]
Formungsgeschwindigkeit	v	[mm/min]
Spannung	σ	[kp/cm²]
Spannung an der oberen Streckgrenze	σ_{So}	[kp/cm²]
Spannung an der unteren Streckgrenze	σ_{Su}	[kp/cm²]
Bruchspannung	σ_B	[kp/cm²]
Reckspannung	σ_R	[kp/cm²]
Einfrierende Spannung	σ_E	[kp/cm²]
Dehnung	δ	[%]
Bruchdehnung	δ_B	[%]
Maximale Dehnung	δ_{max}	[%]
Rißfreie Dehnung	$\delta_{rißfrei}$	[%]
Gesamtdehnung	δ_g	[%]
Reckgrad = Umformgrad	δ	[%]
Prüftemperatur	ϑ_p	[°C]
Biegefestigkeit	σ_{bB}	[kp/cm²]
Durchbiegung	f	[mm]
Grenzdurchbiegung	f_{gr}	[mm]

2. Einführung

In vielen Bereichen der Technik und für Gebrauchsgegenstände werden Teile aus thermoplastischen Kunststoffen eingesetzt, die durch spanloses Umformen aus Halbzeug gefertigt werden. Das Umformen thermoplastischer Kunststoff-Halbzeuge bei Temperaturen, die oberhalb der Einfriertemperatur liegen, bewirkt eine Verstreckung der fadenförmigen Makromoleküle, wenn diese mit einer äußeren Belastung beaufschlagt werden. Werden die Thermoplaste unter Belastung bis unter die Einfriertemperatur abgekühlt, so wird die Verstreckung der Fadenmoleküle eingefroren. Diese Verstreckung hat eine Verschiebung der mechanischen Eigenschaften zur Folge, so daß bei umgeformten Teilen nicht die Eigenschaften des Grundmaterials für eine konstruktive Berechnung herangezogen werden können. Über die Verschiebung der bei Raumtemperatur gemessenen mechanischen Eigenschaften liegen Ergebnisse vor [1, 2].
Da thermoplastische Kunststoffe auch bei tiefen Temperaturen eingesetzt werden, ist es notwendig, die mechanischen Eigenschaften umgeformter Thermoplaste bei diesen Temperaturen zu ermitteln. Aus der Vielzahl der in Frage kommenden Werkstoffe wurden Polyvinylchlorid (PVC) und Polymethylmethacrylat (PMMA) untersucht. PVC wird häufig im Apparatebau eingesetzt und kann dort bei tiefen Temperaturen mechanisch beansprucht werden. PMMA wird vorzugsweise für Verglasungen und Schilder jeder Art verwendet, die bei allen auftretenden Außentemperaturen standfest sein sollen.
Zur Ermittlung der mechanischen Eigenschaften wurde der Biegeversuch herangezogen, weil in die Biegefestigkeit sowohl die Zug- als auch die Druckfestigkeit eingehen.

3. Versuchswerkstoffe[1]

3.1 Polyvinylchlorid (PVC)

Aus kalandrierten Folien gepreßte Tafeln aus E-PVC mit den Abmessungen $8 \times 1000 \times 2000$ mm rot eingefärbt.

3.2 Polymethylmethacrylat (PMMA)

Gegossene Tafeln aus PMMA mit den Abmessungen $6 \times 1000 \times 2000$ mm, glasklar, farblos.

[1] Für die kostenlose Lieferung der Versuchswerkstoffe danken die Verfasser der Dynamit Nobel AG, Troisdorf, und der Röhm & Haas GmbH, Darmstadt.

4. Umformbarkeit

Die Umformbarkeit von thermoplastischen Kunststoffen wird durch das Formänderungsverhalten der Werkstoffe in Abhängigkeit von der Temperatur gekennzeichnet. Die Zugfestigkeit zum Beispiel gibt Aufschluß über den Formänderungswiderstand, ein Maß für das Formänderungsvermögen ist die Bruchdehnung [3].

4.1 Umformbarkeit von PVC

Das Formänderungsverhalten von PVC (Abb. 1) zeigt im festen Zustandsbereich von 20 bis 75°C einen Abfall der Spannung an der oberen und unteren Streckgrenze σ_{So} bzw. σ_{Su} und der Bruchspannung σ_B, während die Bruchdehnung δ_B ansteigt. Im Einfriertemperaturbereich ET um 80°C steigt die Bruchdehnung weiter und die Spannungen fallen hyperbolisch ab. Im thermoelastischen Zustandsbereich oberhalb von 85°C besitzt die Dehnung ein schmales Maximum bei 90°C und fällt mit höheren Temperaturen stark ab. Bei Prüfkörpern, die bis zur maximalen Dehnung δ_{max} verformt werden, sind nach der Abkühlung feine Haarrisse sichtbar. Daher wurde auch noch die Dehnung $\delta_{rißfrei}$ bestimmt, bei der keine Haarrisse auftraten. Sie zeigt den gleichen Verlauf wie die maximale Dehnung. Die mit steigender Temperatur abfallende Reckspannung σ_R ist die zur Verstreckung notwendige Spannung. Sie geht im Einfriertemperaturbereich in die Bruchspannung über. Wenn der Prüfkörper längere Zeit bei maximalem Reckgrad gehalten wird, stellt sich infolge der Relaxation die einfrierende Spannung

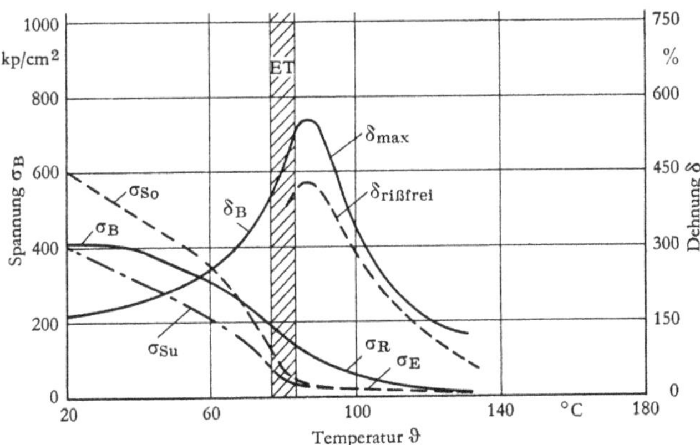

Abb. 1 Zugfestigkeit und Dehnung von PVC abhängig von der Temperatur

σ_E ein, die im Einfriertemperaturbereich in die Spannung an der oberen und unteren Streckgrenze übergeht [4].
Die Höhe und die Lage des Dehnungsmaximums werden außerdem von der Beanspruchungsgeschwindigkeit beeinflußt (Abb. 2). Durch Erhöhen der Geschwindigkeit wird das Dehnungsmaximum größer und gleichzeitig zu höheren Temperaturen verschoben. Bei Temperaturen über 130° C wird die bei langsamer Geschwindigkeit ermittelte Dehnung größer als die bei höherer Geschwindigkeit ermittelte.
Für das Umformen von PVC ist aus den Abb. 1 und 2 zu entnehmen, daß für hohe Reckgrade die Verformung bei Temperaturen von 85 bis 95° C, je nach Formungsgeschwindigkeit, durchzuführen ist. Wenn geringe eingefrorene Spannungen gefordert sind, ist die Temperatur zu erhöhen. Die Temperaturerhöhung wird begrenzt durch die thermische Belastbarkeit des Werkstoffes.

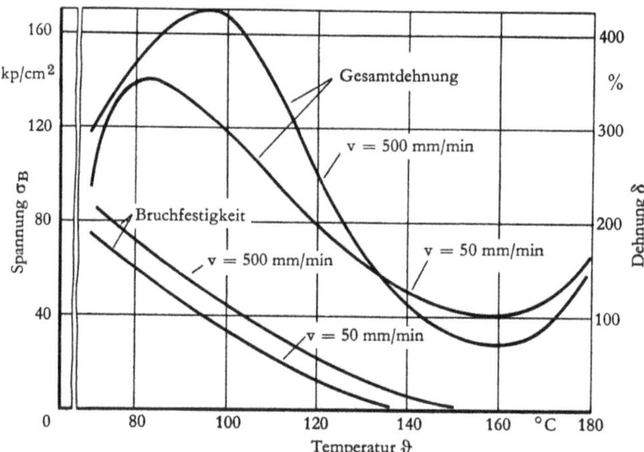

Abb. 2 Umformverhalten von PVC [2]
v = Formungsgeschwindigkeit

4.2 Umformbarkeit von PMMA

Das Formänderungsverhalten von PMMA ist aus Abb. 3 ersichtlich, in der die Bruchspannung σ_B und die Gesamtdehnung δ_g abhängig von der Temperatur eingetragen sind. Das Dehnungsmaximum liegt bei etwa 115° C. Ein weiteres Dehnungsmaximum stellt sich jedoch bei 180° C ein, wobei nur noch eine sehr geringe Spannung notwendig ist, um diese Dehnung aufzubringen. Damit wird auch die einfrierende Spannung klein.
Auch die Höhe und Lage des zweiten Dehnungsmaximums von PMMA ist von der Formungsgeschwindigkeit abhängig (Abb. 4). Wie bei PVC bei Temperaturen über 130° C zu erkennen war, ist bei PMMA die Dehnung bei niedriger Geschwindigkeit größer und das Dehnungsmaximum liegt bei tieferen Temperaturen als bei hohen Geschwindigkeiten. Bei hoher Formungsgeschwindigkeit ist das Maximum tiefer und verschiebt sich zu höheren Temperaturen.

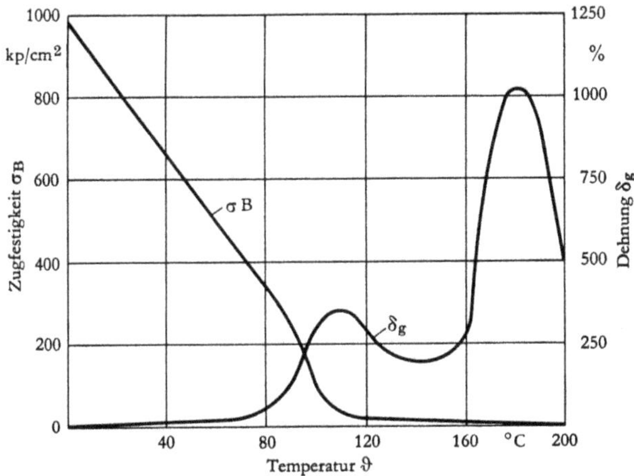

Abb. 3 Zugfestigkeit und Dehnung von PMMA abhängig von der Temperatur [5]

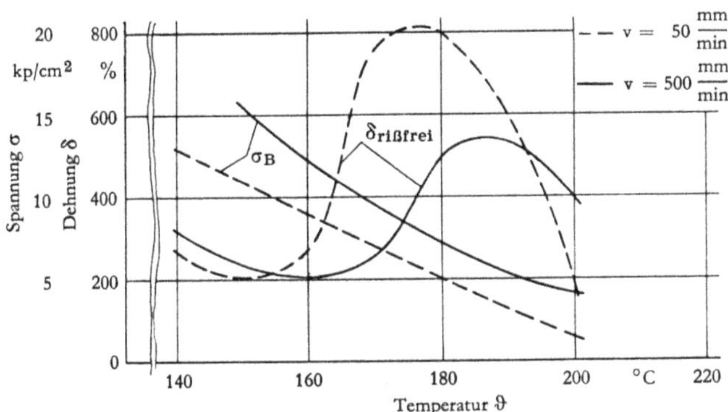

Abb. 4 Umformverhalten von PMMA im zweiten Dehnungsmaximum [5]
v = Formungsgeschwindigkeit

5. Umformen bei verschiedenen Temperaturen und Reckgraden

Aus den PVC- bzw. PMMA-Tafeln wurden Proben von 200 mm Breite und unterschiedlicher Länge spanend entnommen. Die Länge wurde dem gewünschten Reckgrad angepaßt. In einer Prüfmaschine mit Umluftheizung der Bauart Gilissen und Pappert, Aachen (Abb. 5) wurden diese Proben in Längsrichtung eindimensional bis zu bestimmten Reckgraden verformt und anschließend an der Außenluft unter Aufrechterhalten der Dehnung abgekühlt.

Um den Einfluß des Umformens auf das Verhalten bei mechanischer Beanspruchung zu untersuchen, wurden die Formungstemperaturen so gewählt, daß einmal eine Umformung überwiegend thermoelastischer Natur stattfand, zum anderen eine solche mit thermoplastischen Verformungsanteilen.

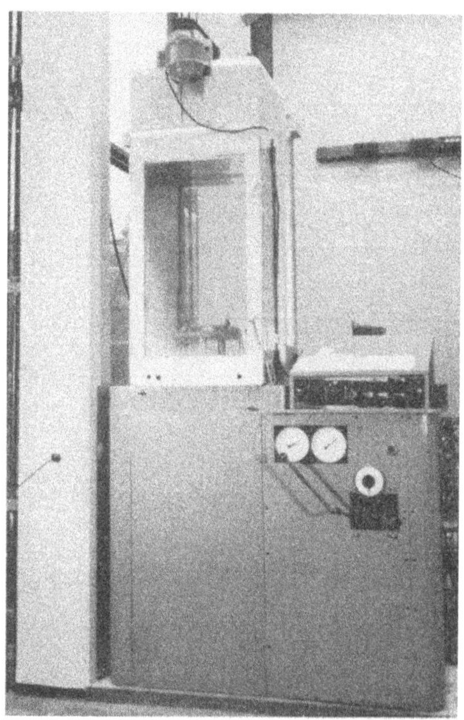

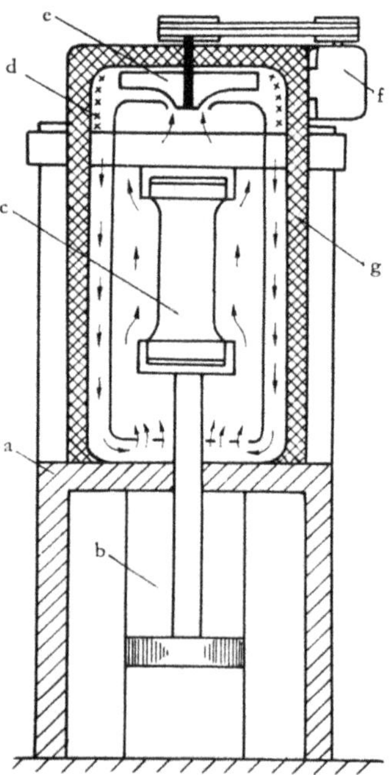

Abb. 5 Prüfmaschine mit Umluftheizung
a) Ständer, b) Hydraulikzylinder, c) eingespannte Probe, d) Heizelemente, e) Ventilator, f) Antriebsmotor, g) Isolation

5.1 Umformen von PVC hart

Für PVC wurden die Formungstemperaturen 95 und 150°C gewählt. Ein Umformen bei höheren Temperaturen war bei der untersuchten Dicke von 8 mm nicht durchzuführen, da dies eine thermische Schädigung des Materials zur Folge gehabt hätte.
Bei der Umformtemperatur von 95°C wurden Proben mit den Reckgraden 70, 280 und 440% hergestellt, während bei 150°C lediglich eine Probe mit einem Reckgrad von 70% angefertigt werden konnte. Aus diesen Proben wurden die Prüfkörper für die in den nächsten Abschnitten beschriebenen Festigkeitsuntersuchungen entnommen.

5.2 Umformen von PMMA

Die Formungstemperaturen für PMMA wurden zu 125 und 170°C gewählt. Bei 125°C wurden Proben mit den Reckgraden 170, 220 und 280% angefertigt. Zum Vergleich wurde bei 170°C eine Probe mit einem Reckgrad von 220% hergestellt. Auch aus diesen Proben wurden Biegeprüfkörper für Festigkeitsuntersuchungen entnommen.

6. Untersuchung des mechanischen Verhaltens von umgeformtem PVC und PMMA bei Temperaturen im Bereich von – 40° C bis ± 0° C

Zur Ermittlung der Kaltsprödigkeit eines Werkstoffes wird vielfach der Schlagbiege- oder der Kerbschlagbiegeversuch herangezogen, die in einfacher Weise die Bestimmung der Versprödungstemperatur gestatten. Zur Durchführung dieser Versuche ist es jedoch erforderlich, daß alle Prüfkörper bis auf geringe Abweichungen die gleichen Abmessungen haben, um vergleichbare und damit auswertbare Ergebnisse zu erhalten. Da sich diese Forderung für umgeformtes Material verschiedener Reckgrade, das aus Tafeln einer bestimmten Ausgangsdicke hergestellt wurde, nicht verwirklichen ließ, mußten andere Prüfungen zur Beurteilung der mechanischen Festigkeit und Sprödigkeit herangezogen werden. Es wurden daher die Biegefestigkeit und die Durchbiegung bei Temperaturen im Bereich von — 40 bis ± 0°C ermittelt. Die Prüfkörper zur Durchführung der Biegeversuche wurden entsprechend ihrer durch den Reckgrad der umgeformten Probe festgelegten Dicke in ihren Abmessungen proportional zu denen der Normproben so gewählt, daß die Ergebnisse miteinander verglichen werden konnten. Als Bezugsprobe diente der in DIN 53452 festgelegte Normkleinstab mit den Abmessungen 50×6×4 mm bei einem Auflagerabstand von 40 mm. Für die umgeformten Proben mit größerer oder kleinerer Dicke als 6 mm betrug somit die Breite der Biegeproben das 1,5fache und der Auflagerabstand das 10fache der Dicke. Die für die Grenzbiegespannung σ_b festgesetzte größte Durchbiegung f_{gr} wurde jeweils aus der Gleichung

$$f_{gr} = 0{,}015 \cdot \frac{l^2}{h}$$

berechnet, in der l den Auflagerabstand und h die Probenhöhe bzw. -dicke bedeuten. Die errechneten Werte für die Biegefestigkeit konnten unmittelbar miteinander verglichen werden, während die Durchbiegungen beim Bruch der Prüfkörper zunächst auf die jeweilige Grenzdurchbiegung bezogen werden mußten und erst dann vergleichbar waren. Um die Sprödigkeit der umgeformten Proben besser charakterisieren zu können, wurden die Versuche auch über die festgelegte Grenzdurchbiegung hinaus weitergeführt, wenn die Höchstlast vorher nicht erreicht wurde, und die maximale Durchbiegung bis zum Absinken der Prüflast ermittelt.

Da die maximalen Durchbiegungen die Grenzdurchbiegung nur geringfügig überschritten, erscheint dieses sonst nicht zulässige Verfahren zum Vergleich der Biegefähigkeit der Materialien gerechtfertigt. Die Biegefestigkeit wurde jedoch immer aus der Höchstlast vor Erreichen der Grenzdurchbiegung bzw. aus der Last bei der Grenzdurchbiegung errechnet.

Die Biegeversuche wurden mit einer Universal-Festigkeitsprüfmaschine Typ 553 der Karl Frank GmbH, Mannheim-Rheinau (Abb. 6), durchgeführt.
Diese Prüfmaschine ist mit elektronischer Kraft- und Wegmessung ausgerüstet und gestattete mit einem zugehörigen XY-Schreibgerät die exakte Aufnahme kontinuierlicher Kraft-Durchbiegungs-Diagramme. Die Prüfungen wurden unter Beachtung der in DIN 53452 festgelegten Vorschriften vorgenommen.

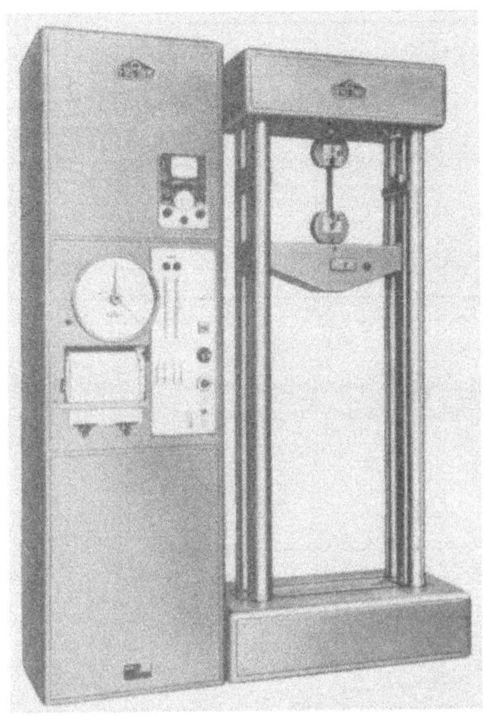

Abb. 6 Universal-Festigkeitsprüfmaschine

6.1 Biegefestigkeit und Sprödigkeit von umgeformtem PVC

Die Ergebnisse der unter Punkt 6 beschriebenen Biegeversuche an umgeformten PVC-Tafeln sind in den Abb. 7–14 wiedergegeben.
Die Abb. 7–9 zeigen die Abhängigkeit der Biegefestigkeit σ_{bB} von der Prüftemperatur bei einer Recktemperatur von $\vartheta_R = 95°C$ und Reckgraden von 70, 280 und 440%. Es sind neben den Werten für ungerecktes Material jeweils die Ergebnisse von längs ($\alpha = 0°$) und quer ($\alpha = 90°$) zur Reckrichtung aus den umgeformten Proben entnommenen Biegeprüfkörpern aufgetragen. Der Einfluß des Umformgrades ist beim Vergleich der drei Diagramme erkennbar. Die Längsorientierung der Molekülketten bewirkt eine mit steigendem Reckgrad zunehmende Verfestigung des Materials in Reckrichtung, dagegen quer zur Ver-

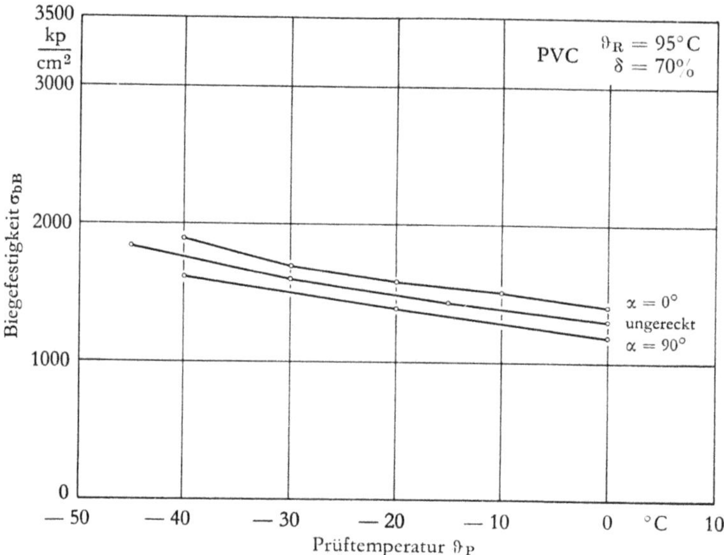

Abb. 7 Biegefestigkeit σ_{bB} von umgeformtem PVC längs und quer zur Reckrichtung in Abhängigkeit von der Prüftemperatur ϑ_P
$\vartheta_R = 95°C$
$\delta = 70\%$

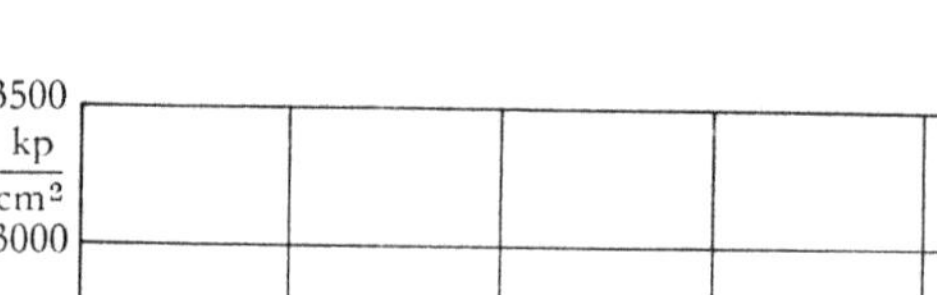

Abb. 8 Biegefestigkeit σ_{bB} von umgeformtem PVC längs und quer zur Reckrichtung in Abhängigkeit von der Prüftemperatur ϑ_P
$\vartheta_R = 95°C$
$\delta = 280\%$

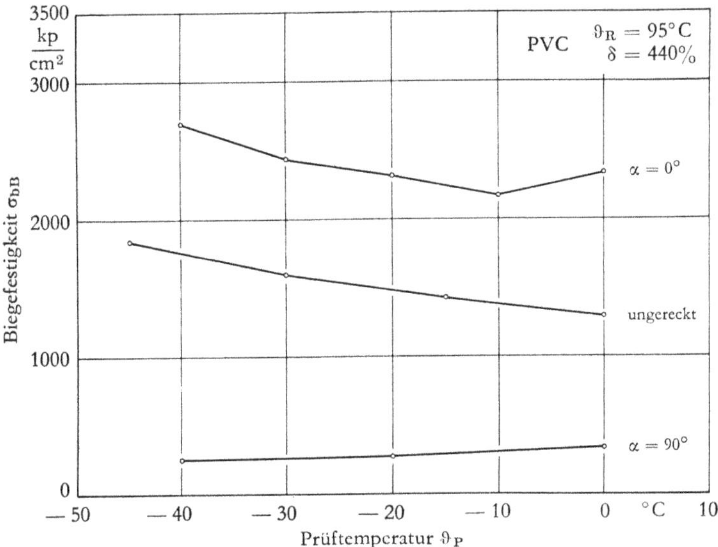

Abb. 9 Biegefestigkeit σ_{bB} von umgeformtem PVC längs und quer zur Reckrichtung in Abhängigkeit von der Prüftemperatur ϑ_P
$\vartheta_R = 95°C$
$\delta = 440\%$

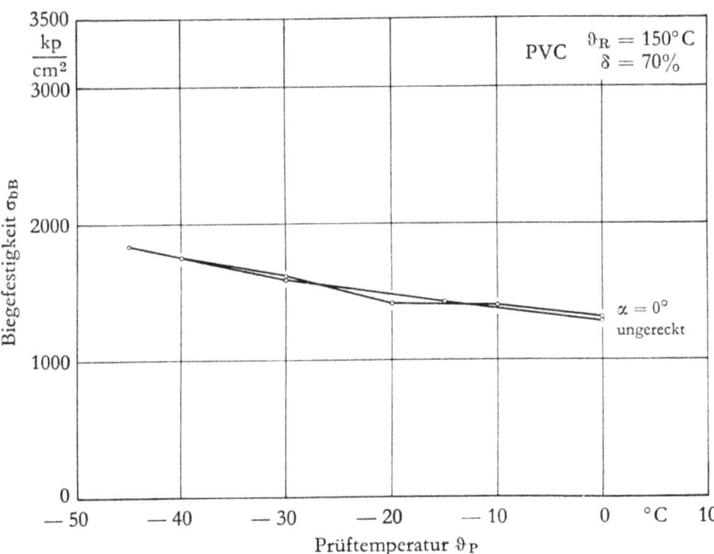

Abb. 10 Biegefestigkeit σ_{bB} von umgeformtem PVC in Abhängigkeit von der Prüftemperatur ϑ_P
$\vartheta_R = 150°C$
$\delta = 70\%$

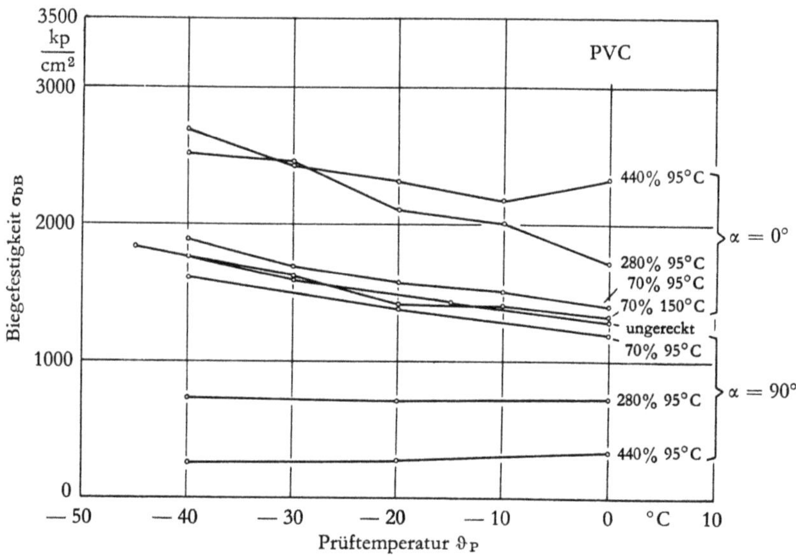

Abb. 11 Biegefestigkeit σ_{bB} von umgeformtem PVC in Abhängigkeit von der Prüftemperatur ϑ_P für verschiedene Reckbedingungen

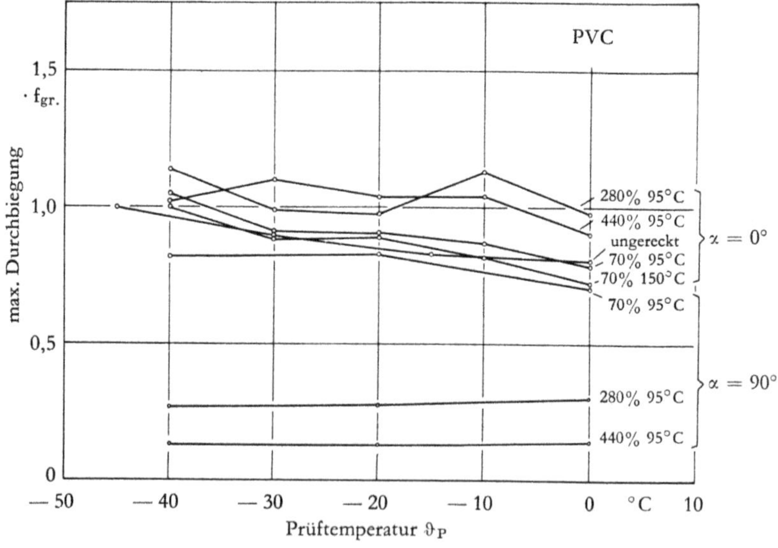

Abb. 12 Durchbiegung von umgeformtem PVC in Abhängigkeit von der Prüftemperatur ϑ_P für verschiedene Reckbedingungen

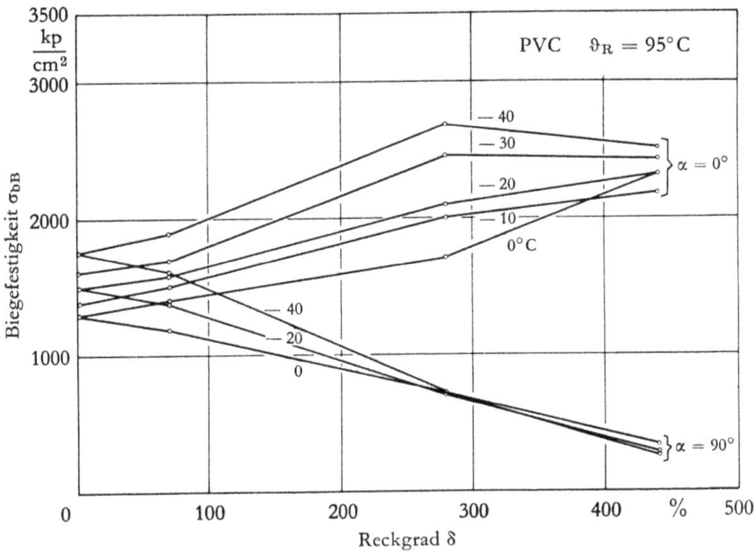

Abb. 13 Biegefestigkeit σ_{bB} von umgeformtem PVC in Abhängigkeit vom Reckgrad δ bei verschiedenen Prüfbedingungen

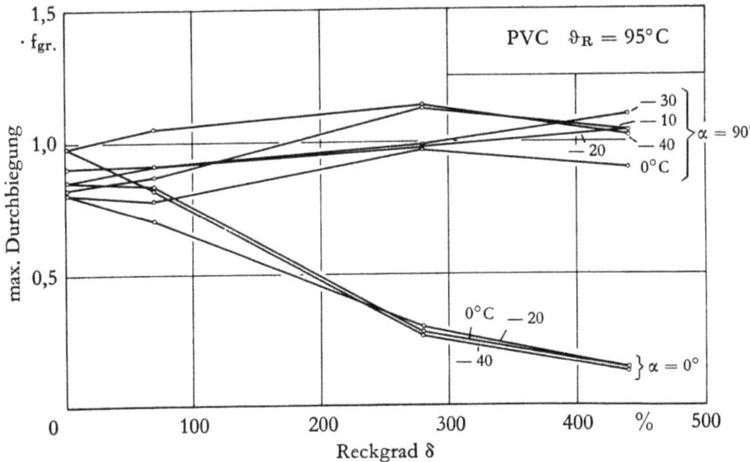

Abb. 14 Durchbiegung von umgeformtem PVC in Abhängigkeit vom Reckgrad δ bei verschiedenen Prüfbedingungen

formungsrichtung einen ebenso starken Abfall der Biegefestigkeit. Mit sinkender Prüftemperatur zeigen die Festigkeitswerte eine leicht steigende Tendenz, die auch am ungereckten Material beobachtet werden konnte. Eine Ausnahme bildet das um 440% gereckte und quer zur Reckrichtung geprüfte Material, bei dem die Biegefestigkeit nur noch ca. 20–25% von der des Grundmaterials beträgt und zu tieferen Temperaturen leicht absinkt. Dieser hohe Reckgrad verursacht in Querrichtung eine sehr starke Materialversprödung, so daß die Probenbrüche schon bei geringen Durchbiegungen von ca. 0,15 f_{gr} eintraten. Geringste Kerbstellen bei tieferen Temperaturen hoben die sonst zu beobachtende Verfestigung auf und führten zu vorzeitigem Bruch (s. auch Abb. 12).

Die Abb. 10 zeigt die Biegefestigkeit σ_{bB} von bei + 150° C umgeformtem PVC und einem Reckgrad von 70% in Abhängigkeit von der Prüftemperatur. Im Gegensatz zu dem bei + 95° C gereckten Material gleichen Reckgrades (Abb. 7) ist hier keine wesentliche Erhöhung der Biegefestigkeit festzustellen. Diese Tatsache liegt darin begründet, daß bei der hohen Formungstemperatur von + 150° C die plastischen Formungsanteile größer sind als bei + 95° C, wodurch eine zu starke Molekülorientierung vermieden wird [5].

Eine Zusammenfassung der Kurven aus den Abb. 7–10 wird in Abb. 11 gegeben, in der deutlich die Festigkeitsänderung von umgeformtem PVC in Abhängigkeit vom Reckgrad und von der Temperatur zu erkennen ist.

Die Versprödung des umgeformten Materials quer zur Reckrichtung und die höhere Biegsamkeit in Reckrichtung sind aus Abb. 12 zu entnehmen. In diesem Diagramm sind die Durchbiegungen bei Maximallast, bezogen auf die jeweils gültigen Grenzdurchbiegungen, für das Grundmaterial und alle geformten Proben in Abhängigkeit von der Prüftemperatur aufgezeichnet. Analog zu der Tendenz der Werte für die Biegefestigkeit in Abb. 11 nimmt die Durchbiegung mit steigendem Reckgrad quer zur Reckrichtung stark ab, während in Reckrichtung eine leichte Zunahme zu beobachten ist. Eine Abhängigkeit der maximalen Durchbiegung von der Prüftemperatur ist kaum zu erkennen, die Werte steigen bei tieferen Temperaturen längs zur Reckrichtung leicht an und fallen quer dazu etwas ab, jedoch fällt dieser Einfluß im Vergleich zum Reckgrad wenig ins Gewicht.

Um die Abhängigkeit der Festigkeitswerte und der Biegsamkeit des umgeformten Materials vom Reckgrad noch besser herauszustellen, wurden die Werte für Biegefestigkeit und maximale Durchbiegung in Abhängigkeit von dem Reckgrad bei verschiedenen Prüftemperaturen und den Beanspruchungsrichtungen längs ($\alpha = 0°$) und quer ($\alpha = 90°$) aufgetragen (Abb. 13 und Abb. 14).

Aus beiden Abbildungen ist zu ersehen, daß zu höheren Reckgraden hin der relative Einfluß der Temperatur auf Festigkeit und Versprödung immer mehr abnimmt und bei dem höchsten Reckgrad von 440% quer zur Reckrichtung kaum noch ein Temperatureinfluß festzustellen ist.

6.2 Biegefestigkeit und Sprödigkeit von umgeformtem PMMA

An umgeformten PMMA-Tafeln verschiedener Reckbedingungen wurden in gleicher Weise wie an PVC-Tafeln Biegeversuche bei verschiedenen Prüftemperaturen im Bereich von — 40 bis ± 0° C vorgenommen, um den Einfluß des Umformgrades auf das mechanische Verhalten bei tiefen Temperaturen zu untersuchen. Die Ergebnisse dieser Versuche sind in den Abb. 15–22 aufgetragen.

Die Abb. 15–17 zeigen für die Recktemperatur $\vartheta_R = 125°C$ und die Reckgrade 170, 220 und 280% die Abhängigkeit der Biegefestigkeit von der Prüftemperatur, wobei die Festigkeitswerte längs und quer zur Reckrichtung und die des ungereckten Materials in die Diagramme aufgenommen wurden. Schon bei einem relativ kleinen Reckgrad von 170% steigt die Biegefestigkeit in Reckrichtung erheblich, während sie quer dazu stark abfällt. In Abhängigkeit von der Prüftemperatur zeigt die Biegefestigkeit in Reckrichtung eine stark steigende Tendenz, während quer dazu nur eine geringe Verfestigung festzustellen ist. Dieser Kurvenverlauf tritt bei allen drei Reckgraden auf. Ausgenommen sind die Biegefestigkeitswerte quer zur Reckrichtung bei einem Reckgrad von 280%, wo die Versprödung durch starke Reckung die Verfestigung durch Temperaturerniedrigung unterdrückt.

Für eine Recktemperatur von $\vartheta_R = 170°C$ und einen Reckgrad von 220% ist die Biegefestigkeit in Abhängigkeit von der Temperatur in Abb. 18 aufgetragen. Beim Vergleich mit Abb. 16, in der die gleichen Größen bei einer Recktemperatur von 125° C dargestellt sind, läßt sich bei 170° C eine geringere Verfestigung durch das Umformen feststellen. Die Ursache für diese Erscheinung sind auch hier die größeren plastischen Verformungsanteile, die zu einer Verminderung der Molekülorientierung führen [6].

Die in den Abb. 15–18 aufgetragenen Kurven sind in Abb. 19 zusammengefaßt. Im Zusammenhang mit den in Abb. 20 gezeigten Werten für die maximale Durchbiegung in Abhängigkeit von der Prüftemperatur läßt sich aus diesen beiden Abbildungen gut der Einfluß der Prüftemperatur auf die Verfestigung und Versprödung ersehen. Die Abb. 19 zeigt für alle Reckgrade in Reckrichtung eine fast linear stark ansteigende Biegefestigkeit, quer zur Reckrichtung dagegen eine schwache Verfestigung mit sinkender Temperatur. Ein Einfluß der Temperatur auf die Sprödigkeit von umgeformtem PMMA ist im Bereich tiefer Temperaturen von —40 bis ± 0° C kaum festzustellen. In Reckrichtung nimmt die Biegsamkeit mit tieferen Temperaturen nur schwach ab, quer dazu bleibt sie nahezu konstant (Abb. 20).

Der Einfluß des Umformgrades auf die Biegefestigkeit und auf das Sprödbruchverhalten zeigen die Abb. 21 und 22. Aus Abb. 21 ist zu erkennen, daß schon bei relativ kleinen Umformgraden in Reckrichtung eine starke Verfestigung eintritt, die zu höheren Reckgraden einen konstanten Wert anzustreben scheint. Die höchstmögliche Verfestigung wird bei dem bei 125° C maximal erreichbaren Reckgrad von 400 bis 440% auftreten. Quer zur Reckrichtung liegen umgekehrte Verhältnisse vor, die Biegefestigkeit nimmt zunächst stark ab und strebt dann ebenfalls einem Minimalwert beim maximalen Reckgrad zu. Mit höheren Reckgraden

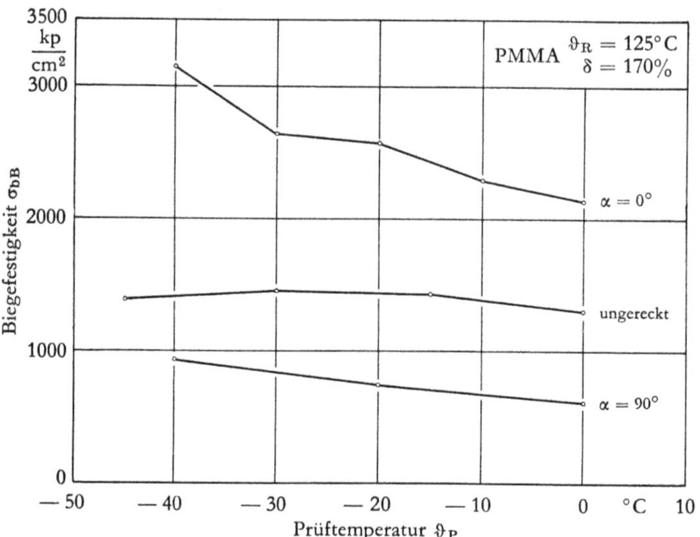

Abb. 15 Biegefestigkeit σ_{bB} von umgeformtem PMMA längs und quer zur Reckrichtung in Abhängigkeit von der Prüftemperatur ϑ_P
$\vartheta_R = 125°C$
$\delta \; = 170\%$

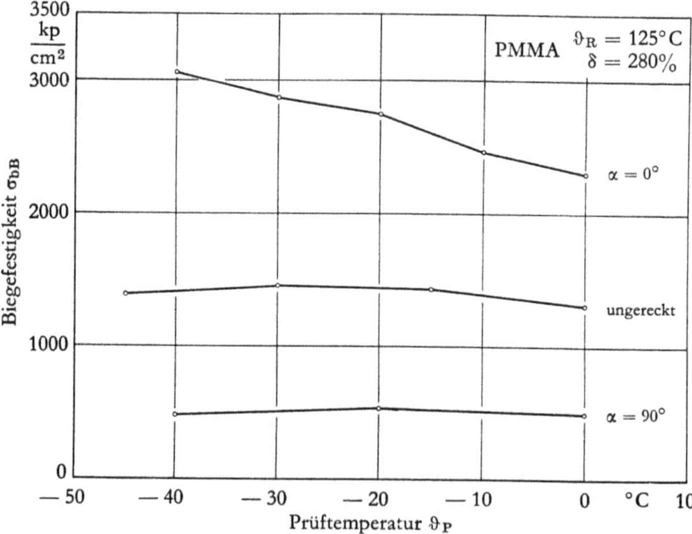

Abb. 16 Biegefestigkeit σ_{bB} von umgeformtem PMMA längs und quer zur Reckrichtung, in Abhängigkeit von der Prüftemperatur ϑ_P
$\vartheta_R = 125°$
$\delta \; = 220\%$

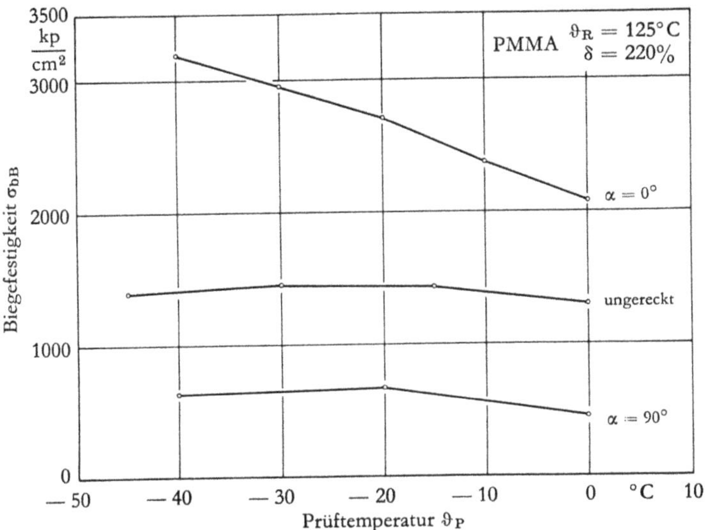

Abb. 17 Biegefestigkeit σ_{bB} von umgeformtem PMMA längs und quer zur Reckrichtung in Abhängigkeit von der Prüftemperatur ϑ_P
$\vartheta_R = 125°C$
$\delta = 280\%$

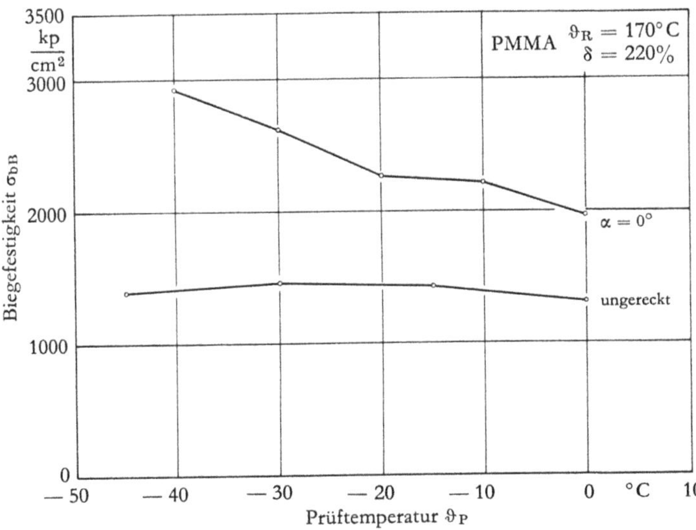

Abb. 18 Biegefestigkeit σ_{bB} von umgeformtem PMMA längs und quer zur Reckrichtung in Abhängigkeit von der Prüftemperatur ϑ_P
$\vartheta_R = 170°C$
$\delta = 220\%$

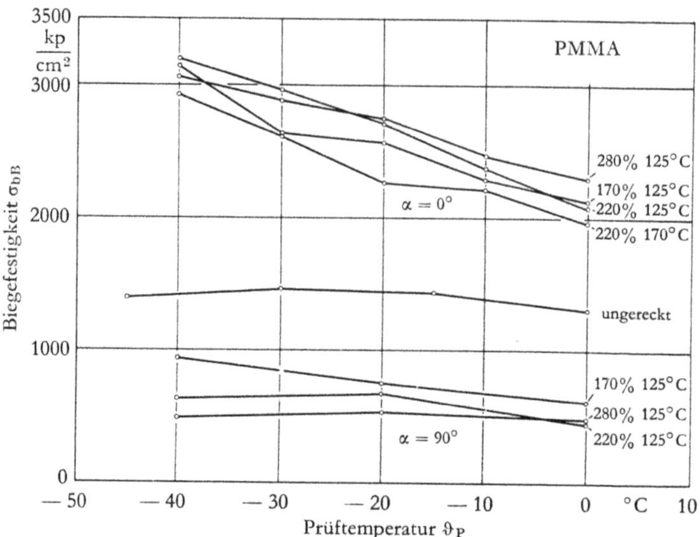

Abb. 19 Biegefestigkeit σ_{bB} von umgeformtem PMMA in Abhängigkeit von der Prüftemperatur ϑ_P für verschiedene Reckbedingungen

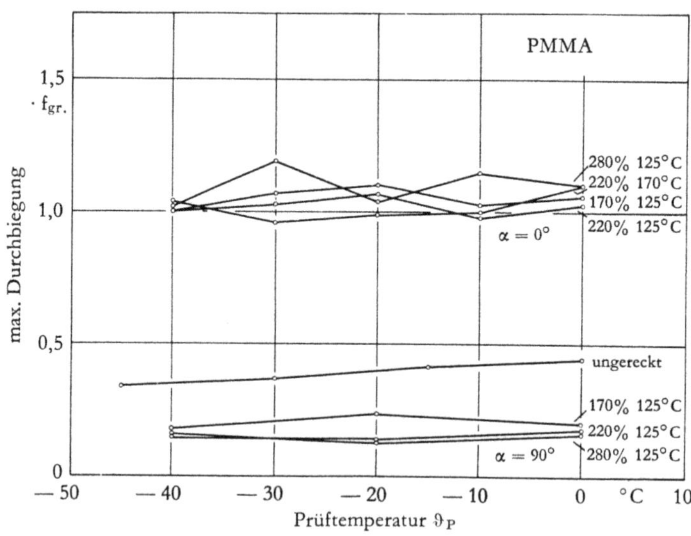

Abb. 20 Durchbiegung von umgeformtem PMMA in Abhängigkeit von der Prüftemperatur ϑ_P für verschiedene Reckbedingungen

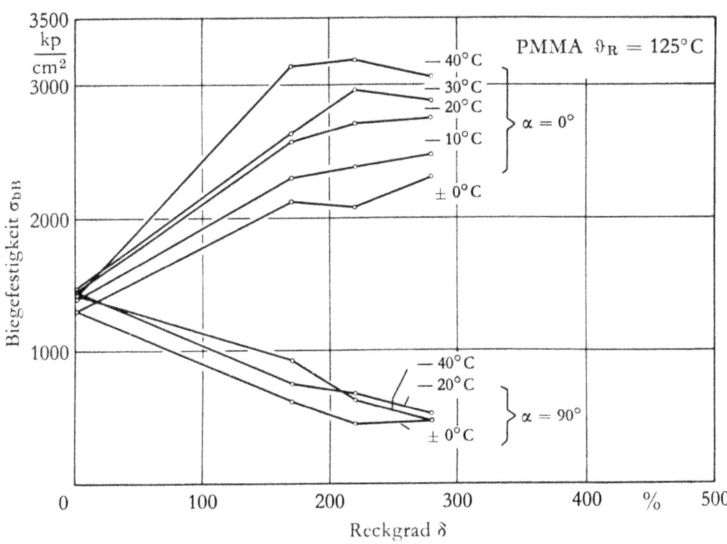

Abb. 21 Biegefestigkeit σ_{bB} von umgeformtem PMMA in Abhängigkeit vom Reckgrad δ bei verschiedenen Prüfbedingungen

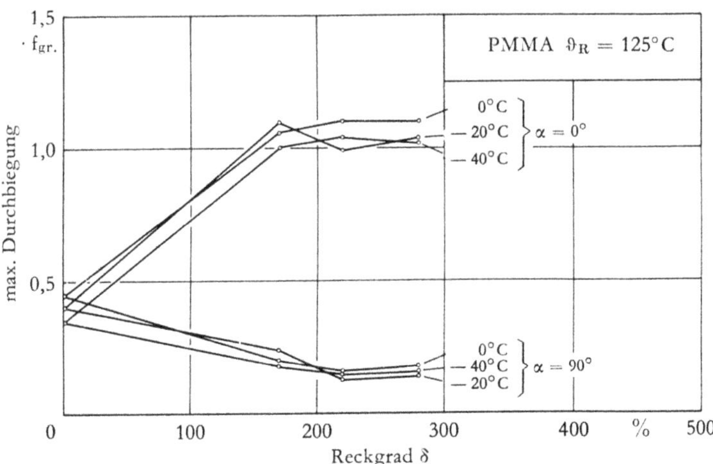

Abb. 22 Durchbiegung von umgeformtem PMMA in Abhängigkeit vom Reckgrad δ bei verschiedenen Prüfbedingungen

liegen die Kurven für die verschiedenen Prüftemperaturen, die bei mittleren Reckgraden auseinanderstreben, wieder dichter beieinander. Bei hohen Umformgraden unterdrückt also der Einfluß der Molekülorientierung auf die mechanischen Eigenschaften den Einfluß der Umgebungstemperatur. Die Biegesprödigkeit des umgeformten Materials, die in Form der Bruchdurchbiegung bzw. Durchbiegung bei Maximallast gemessen werden kann, ist in Abhängigkeit vom Umformgrad aus Abb. 22 zu entnehmen. Hier zeigt sich die gleiche Tendenz wie in Abb. 21 bei der Biegefestigkeit. Die maximale Durchbiegung nimmt in Reckrichtung zunächst stark zu und bleibt dann bei höheren Umformgraden fast konstant, quer zur Reckrichtung sinkt sie auf ca. $1/3$ der Werte vom ungereckten Material beim Reckgrad von 280% ab und bleibt dann auch hier annähernd konstant. Ein Einfluß der Prüftemperatur auf die Biegsamkeit umgeformter PMMA-Proben ist dagegen kaum zu erkennen. Die Werte werden mit sinkender Temperatur etwas kleiner, jedoch verschwindet die durch die Temperatur hervorgerufene Versprödung unter dem Einfluß des Umformgrades.

7. Zusammenfassung

Der Einfluß des Umformgrades auf die Kaltsprödigkeit von umgeformten PVC- und PMMA-Tafeln wurde an eindimensional gereckten Werkstoffen untersucht. Als Bestimmungsgröße für die Festigkeitsverschiebung wurde die Biegefestigkeit, für die Versprödung die Bruchdurchbiegung bzw. Durchbiegung bei Maximallast in Abhängigkeit von der Temperatur herangezogen. Die Versuche ergaben, daß der Einfluß des Umformgrades auf die Festigkeit und Sprödigkeit bei PVC und PMMA den Einfluß der Prüftemperatur überwog.

Eine wesentliche Versprödung von umgeformtem PVC durch Temperaturerniedrigung konnte im Bereich von ± 0 bis $-40°C$ nicht festgestellt werden. Die Biegefestigkeit bleibt quer zur Reckrichtung für die verschiedenen Umformgrade nahezu konstant, in Reckrichtung nimmt sie bei tieferen Temperaturen leicht zu. Der Umformgrad hat dagegen einen sehr großen Einfluß auf Biegefestigkeit und -sprödigkeit. In Reckrichtung ist eine starke Verfestigung festzustellen, quer dazu ein fast ebenso starker Festigkeitsabfall.

Eine analoge Tendenz zeigen die Durchbiegungswerte. In Reckrichtung steigt die maximale Durchbiegung mit höherem Reckgrad, quer dazu fällt sie wegen der Materialversprödung in dieser Richtung stark ab.

Ein ähnliches Verhalten ist bei dem untersuchten PMMA festzustellen. Hier ist der Einfluß des Umformgrades auf das mechanische Verhalten jedoch wesentlich größer als beim PVC. Die Prüftemperatur hat nur in Reckrichtung einen Einfluß auf die Biegefestigkeit, die mit tieferen Temperaturen eine steigende Tendenz zeigt. Mit höheren Reckgraden überwiegt auch hier wieder der Einfluß des Umformgrades.

Für die Praxis lassen sich aus diesen Versuchsergebnissen folgende Schlüsse ziehen:

1. Bei eindimensionaler Umformung thermoplastischer Kunststoffe ist darauf zu achten, daß der Umformgrad nicht so hoch wird, daß die Festigkeitswerte quer zur Reckrichtung zu stark abfallen und eine zu starke Versprödung eintritt. Man kann die höchstmöglichen Reckgrade bei diesem Verfahren nur zu einem geringen Teil ausnutzen, da schon relativ kleine Umformgrade einen starken Einfluß auf die mechanischen Eigenschaften haben. Hier zeigt PVC gegenüber PMMA ein besseres Verhalten, da es auch bei höheren Reckgraden quer zur Reckrichtung nicht so stark versprödet.
2. Die Festigkeitssteigerung in Längsrichtung der eindimensional gereckten Proben und die Erhöhung der Biegsamkeit vor allem beim PMMA lassen den Schluß zu, daß diese Verbesserung der Werkstoffeigenschaften bei zweidimensional geformtem Material in allen Richtungen eintritt und eine biaxiale Umformung zur Vergütung des Werkstoffs beiträgt. Zu beachten ist dabei allerdings

die mögliche Rückstellung der umgeformten Teile bei erhöhten Temperaturen, so daß die maximalen Gebrauchstemperaturen niedriger liegen als bei ungerecktem Material. Dieser unerwünschten Erscheinung kann man durch eine Umformung bei höheren Temperaturen begegnen, bei denen größere thermoplastische Anteile an der Formung beteiligt sind.

Den Herren Ing. HAWERKAMP, STREICH und Dipl.-Ing. ZÖHREN sei an dieser Stelle für Ihre Mitarbeit herzlich gedankt. Für die kostenlose Lieferung des Versuchsmaterials danken die Verfasser den im Text genannten Firmen.

Prof. Dr.-Ing. ALFRED H. HENNING †
Prof. Dr.-Ing. habil. KARL KREKELER
Dipl.-Ing. ARNE ROTHENPIELER
Dipl.-Ing. RAINER TAPROGGE

8. Literaturverzeichnis

[1] Kleine-Albers, A., Die fertigungsgerechte Warmformgebung von hartgestelltem Polyvinylchlorid (PVC), Acryl-Copolymerisat und Acrylglas im thermoelastischen Zustand. Dissertation TH Aachen (1958).

[2] Krekeler, K., und G. Wick, Kunststoff-Handbuch, Band II, Polyvinylchlorid, Teil 2, Verarbeitung und Verwendung von Kunststoffhalbzeugen. Carl Hanser Verlag, München (1963).

[3] Peukert, H., und J. Zöhren, Das Zustandsdiagramm der Thermoplaste als Kennzeichen ihrer Verarbeitung und Anwendung. Technische Mitteilungen 53 (1960), Heft 3, S. 101 und 104.

[4] Krekeler, K., und A. Kleine-Albers, Beitrag zur thermoelastischen Warmformbarkeit von hartem Polyvinylchlorid. Forschungsbericht Nr. 304 Land Nordrhein-Westfalen, Westdeutscher Verlag, Opladen (1956).

[5] Zöhren, J., Spanloses Formen von thermoplastischen Kunststoff-Halbzeugen. Kunststoffe 51 (1961), Heft 9, S. 620–623.

[6] Schreyer, G., und P. R. Szigeti, Einfluß der Thermoelastizität und Thermoplastizität auf die Verarbeitung von Acrylgläsern. Kunststoffe 53 (1963), Heft 10, S. 703–710.

FORSCHUNGSBERICHTE DES LANDES NORDRHEIN-WESTFALEN

Herausgegeben im Auftrage des Ministerpräsidenten Dr. Franz Meyers
von Staatssekretär Prof. Dr. h. c. Dr.-Ing. E. h. Leo Brandt

FERTIGUNG

HEFT 11
Laboratorium für Werkzeugmaschinen und Betriebslehre der Rhein.-Westf. Technischen Hochschule Aachen
Untersuchungen über Metallbearbeitung im Fräsvorgang mit Hartmetallwerkzeugen und negativem Spanwinkel. S. 6–24
Weiterentwicklung des Schleifverfahrens für die Herstellung von Präzisionswerkstücken unter Vermeidung hoher Temperaturen. S. 25–47
Untersuchung von Oberflächenveredlungsverfahren zur Steigerung der Belastbarkeit hochbeanspruchter Bauteile. S. 48–68
1952. 71 Seiten, 61 Abb. DM 15,75

HEFT 47
Prof. Dr.-Ing. habil. Karl Krekeler, Aachen
Versuche über die Anwendung der induktiven Erwärmung zum Sintern von hochschmelzenden Metallen sowie zur Anlegierung und Vergütung von aufgespritzten Metallschichten mit dem Grundwerkstoff
1953. 56 Seiten, 39 Abb., 11 Tabellen. DM 13,90

HEFT 53
Prof. Dr.-Ing. Herwart Opitz, Aachen
Reibwert und Verschleißmessungen an Kunststoffgleitführungen für Werkzeugmaschinen
1954. 38 Seiten, 18 Abb. Vergriffen

HEFT 66
Dr.-Ing. Peter Füsgen VDI, Düsseldorf
Untersuchungen über das Auftreten des Ratterns bei selbsthemmenden Schneckengetrieben und seine Verhütung
1954. 22 Seiten, 5 Abb. DM 6,60

HEFT 86
Prof. Dr.-Ing. Herwart Opitz, Aachen
Untersuchungen über das Fräsen von Baustahl sowie über den Einfluß des Gefüges auf die Zerspanbarkeit
1954. 95 Seiten, 73 Abb., 7 Tabellen. DM 22,—

HEFT 99
Prof. Dr. G. Garbotz, Aachen
Der Kraft- und Arbeitsaufwand sowie die Leistungen beim Biegen von Bewehrungsstählen in Abhängigkeit von den Abmessungen, den Formen und der Güte der Stähle (Ermittlung von Leistungsrichtlinien)
1955. 122 Seiten, 53 Abb., 3 Anlagen, 18 Tabellen. DM 30,—

HEFT 101
Prof. Dr.-Ing. Herwart Opitz, Aachen
Wirtschaftlichkeitsbetrachtungen beim Außenrundschleifen
1954. 86 Seiten, 56 Abb., 3 Tabellen. DM 19,30

HEFT 112
Prof. Dr.-Ing. Herwart Opitz, Aachen
Verschleißmessungen beim Drehen mit aktivierten Hartmetallwerkzeugen
1954. 29 Seiten, 17 Abb., 6 Tabellen. DM 8,80

HEFT 135
Prof. Dr.-Ing. habil. Karl Krekeler und Dr.-Ing. Heinz Peukert, Institut für Kunststoffverarbeitung in Industrie und Handwerk an der Rhein.-Westf. Technischen Hochschule Aachen
Die Änderung der mechanischen Eigenschaften thermoplastischer Kunststoffe durch Warmrecken
1955. 37 Seiten, 27 Abb. DM 11,10

HEFT 207
Prof. Dr.-Ing. Herwart Opitz, Dipl.-Ing. K. H. Fröhlich und Dipl.-Ing. Henning Siebel, Aachen
Richtwerte für das Fräsen von unlegierten und legierten Baustählen mit Hartmetall. I. Teil
1956. 38 Seiten, 27 Abb., 3 Tabellen. DM 11,10

HEFT 215
Prof. Dr.-Ing. Herwart Opitz und Dr.-Ing. G. Weber, Aachen
Einfluß der Wärmebehandlung von Baustählen auf Spanentstehung, Schnittkraft- und Standzeitverhalten
1956. 70 Seiten, 30 Abb., 11 Tabellen. DM 18,40

HEFT 232
Prof. Dr.-Ing. Otto Kienzle, Hannover, und Dr.-Ing. Hermann Münnich, Schweinfurt
Feststellungen der Spannungen und Dehnungen und Bruchdrehzahlen der unter Fliehkraft und Bearbeitungskraft beanspruchten Schleifkörper
1957. 122 Seiten, 67 Abb., 12 Tabellen. DM 31,35

HEFT 245
Prof. Dr.-Ing. habil. Karl Krekeler, Institut für Kunststoffverarbeitung in Industrie und Handwerk an der Rhein.-Westf. Technischen Hochschule Aachen
Das Verbinden von Metallen durch Kunstharzkleber. Teil I: Eigenschaften und Verwendung der Metallklebstoffe
1956. 38 Seiten, 8 Abb. Vergriffen

HEFT 246
Prof. Dr.-Ing. habil. Karl Krekeler, Institut für Kunststoffverarbeitung in Industrie und Handwerk an der Rhein.-Westf. Technischen Hochschule Aachen
Das Verbinden von Metallen durch Kunstharzkleber. Teil II: Untersuchungen an geklebten Leichtmetall-Verbindungen
1957. 70 Seiten, 40 Abb. DM 17,50

HEFT 262
Dr.-Ing. Wilhelm Batel, Aachen
Untersuchungen zur Absiebung feuchter, feinkörniger Haufwerke und Schwingsieben
1956. 79 Seiten, 45 Abb., 22 Diagramme, 5 Tabellen. DM 23,40

HEFT 271
Prof. Dr.-Ing. Herwart Opitz und Dipl.-Ing. Heinrich Axer, Aachen
Beeinflussung des Verschleißverhaltens bei spanenden Werkzeugen durch flüssige und gasförmige Kühlmittel und elektrische Maßnahmen
1956. 34 Seiten, 28 Abb. DM 10,70

HEFT 284
Prof. Dr. phil. Franz Wever, Dr.-Ing. Hans-Joachim Wiester, Dr.-Ing. Friedrich-Werner Straßburg, Prof. Dr.-Ing. Herwart Opitz und Dr.-Ing. Karl-Heinrich Fröhlich, Max-Planck-Institut für Eisenforschung, Düsseldorf
Einfluß des Gefüges auf die Zerspanbarkeit von Einsatz und Vergütungsstählen
1957. 77 Seiten, 126 Abb., 11 Tabellen. DM 22,45

HEFT 287
Prof. Dr.-Ing. habil. Karl Krekeler, Institut für Kunststoffverarbeitung in Industrie und Handwerk an der Rhein.-Westf. Technischen Hochschule Aachen
Änderungen der mechanischen Eigenschaftswerte thermoplastischer Kunststoffe bei Beanspruchung in verschiedenen Medien
1956. 49 Seiten, 23 Abb., 5 Tabellen. DM 13,70

HEFT 288
Dr. phil. Kurt Brücker-Steinkuhl, Düsseldorf
Anwendung mathematisch-statischer Verfahren in der Industrie
1956. 103 Seiten, 28 Abb., 14 Tabellen. Vergriffen

HEFT 295
Prof. Dr.-Ing. Herwart Opitz und Dipl.-Ing. Heinrich Axer, Laboratorium für Werkzeugmaschinen und Betriebslehre der Rhein.-Westf. Technischen Hochschule Aachen
Untersuchung und Weiterentwicklung neuartiger elektrischer Bearbeitungsverfahren
1956. 31 Seiten, 27 Abb. DM 10,30

HEFT 296
Prof. Dr.-Ing. Herwart Opitz, Aachen
I. Untersuchungen an elektronischen Regelantrieben
II. Statische Untersuchungen zur Ausnutzung von Drehbänken
1956. 33 Seiten, 18 Abb. DM 10,40

HEFT 304
Prof. Dr.-Ing. habil. Karl Krekeler und Dipl.-Ing. August Kleine-Albers, Aachen
Beitrag zur thermoelastischen Warmformbarkeit von hartem Polyvinylchlorid (Hart-PVC)
1956. 63 Seiten, 29 Abb. DM 17,70

HEFT 320
Dipl.-Phys. Dr. rer. nat. Hans-Eberhard Caspary, Physikalisches Institut der Universität Köln
Verwendung von Szintillationszählern an Stelle von Zählrohren zur zerstörungsfreien Materialprüfung
1956. 30 Seiten, 13 Abb., 2 Tabellen. DM 10,10

HEFT 324
Prof. Dr.-Ing. Herwart Opitz, Priv.-Doz. Dr.-Ing. Ernst Saljé und Dipl.-Ing. Karl-Eugen Schwartz, Laboratorium für Werkzeugmaschinen und Betriebslehre der Rhein.-Westf. Technischen Hochschule Aachen
Richtwerte für das Außenrund-Längs- und Einstechschleifen
1956. 50 Seiten, 44 Abb., 2 Tabellen. DM 13,85

HEFT 327
Prof. Dr.-Ing. habil. Karl Krekeler und Dr.-Ing. Heinz Peukert, Institut für Kunststoffverarbeitung in Industrie und Handwerk an der Rhein.-Westf. Technischen Hochschule Aachen
Beitrag zur thermoelastischen Formbarkeit von Polyäthylen
1956. 44 Seiten, 49 Abb., 9 Tabellen. DM 12,80

HEFT 350
Prof. Dr.-Ing. habil. Karl Krekeler und Dr.-Ing. Heinz Peukert, Institut für Kunststoffverarbeitung in Industrie und Handwerk an der Rhein.-Westf. Technischen Hochschule Aachen
Das Spannungsverhalten der Kunststoffe bei der Verarbeitung
1958. 24 Seiten, 112 Abb. DM 20,—

HEFT 351
Prof. Dr.-Ing. Herwart Opitz, Dipl.-Ing. Heinrich Axer und Dipl.-Ing. Helmut Rhode, Aachen
Zerspanbarkeit hochwarmfester und nichtrostender Stähle. Teil I
1957. 85 Seiten, 73 Abb., 2 Tabellen. DM 21,80

HEFT 385
Prof. Dr.-Ing. Herwart Opitz, Dr.-Ing. Heinrich Axer und Dipl.-Ing. Heinrich Rohde, Aachen
Zerspanbarkeit hochwarmfester und nichtrostender Stähle. Teil II
1957. 73 Seiten, 54 Abb., 5 Tabellen. DM 19,30

HEFT 386
Prof. Dr.-Ing. Herwart Opitz und Dipl.-Ing. Oskar Hake, Aachen
Standzeituntersuchungen und Verschleißmessungen mit radioaktiven Isotopen
1958. 36 Seiten, 33 Abb., 3 Tabellen. DM 12,75

HEFT 395
Dipl.-Ing. Ludwig Hahn, Clausthal- Zellerfeld
Untersuchungen zur Frage des optimalen Bohrloch- und Patronendurchmessers
1957. 119 Seiten, 49 Abb., 19 Tabellen. DM 31,25

HEFT 405
Prof. Dr.-Ing. Herwart Opitz und Dipl.-Ing. Hermann Schuler, Aachen
Untersuchungen für einen Wirtschaftlichkeitsvergleich der Feinbearbeitungsverfahren
1958. 58 Seiten, 43 Abb. DM 17,90

HEFT 406
Werner Kirsch, Leverkusen
Entwicklungsarbeiten auf dem Gebiete des Korrosionsschutzes und der Abdichtung
1957. 76 Seiten, 28 Abb., 11 Tabellen. DM 19,—

HEFT 408
Prof. Dr. phil. Franz Wever, Dr.-Ing. Werner Lueg und Dr.-Ing. Hans Günter Müller, Max-Planck-Institut für Eisenforschung, Düsseldorf
Kraft und Arbeitsbedarf beim Warmscheren von Stahl in Abhängigkeit von Temperatur und Schnittgeschwindigkeit
1957. 33 Seiten, 15 Abb., 3 Tabellen. DM 11,35

HEFT 413
Prof. Dr.-Ing. Herwart Opitz, Dipl.-Ing. Henning Siebel und Dipl.-Ing. Reinhard Fleck, Aachen
Richtwerte für das Fräsen von unlegierten und legierten Baustählen mit Hartmetall, Teil II
1957. 44 Seiten, 35 Abb., 4 Tabellen. DM 14,40

HEFT 426
Prof. Dr.-Ing. Herwart Opitz und Dipl.-Ing. Walter Scholz, Aachen
Untersuchungen über den Räumvorgang
1957, 64 Seiten, 36 Abb., 7 Tabellen. DM 16,55

HEFT 447
Prof. Dr.-Ing. F. Bollenrath, Aachen, Dr.-Ing. H. Füllenbach, Seesen (Harz), und Dipl.-Ing. J. Schumacher, Neubeckum (Westf.)
Entwicklung rationell arbeitender Spritzkabinen
1958. 44 Seiten, 26 Abb. Vergriffen

HEFT 465
Dr.-Ing. Richard Koch, Forschungsinstitut für Rationalisierung an der Rhein.-Westf. Technischen Hochschule Aachen
Amerikanische Fertigungsunterlagen und ihre Werkstattreifmachung für deutsche Betriebe
1958. 54 Seiten, 19 Abb. DM 17,35

HEFT 474
Dr.-Ing. Rolf Ibing und Dipl.-Ing. Günther Meier, Institut für Mechanik der Technischen Hochschule Hannover
Leiter: Prof. Dr.-Ing. Otto Flachsbart
Entwicklung und Eichung von Staubentnahmesonden
1958. 20 Seiten, 9 Abb., 2 Tabellen. DM 8,65

HEFT 511
Dipl.-Ing. Hans Wahl, Dipl.-Ing. Georg Kantenwein und Dipl.-Ing. Wilfried Schäfer
Im Auftrage des Steinkohlenbergbauvereins, Essen
Gesteinsbohr-Modellversuche zur Frage des Drehbohrens, Schlagbohrens, Drehschlagbohrens und Rollenmeißelbohrens
1958. 254 Seiten, 167 Abb. DM 52,—

HEFT 520
Prof. Dr.-Ing. Herwart Opitz, Dipl.-Ing. Hans Obrig und Dipl.-Ing. Paul Kips, Laboratorium für Werkzeugmaschinen und Betriebslehre der Rhein.-Westf. Technischen Hochschule Aachen
Untersuchung neuartiger elektrischer Bearbeitungsverfahren
1958. 44 Seiten, 35 Abb., 2 Tabellen. DM 14,70

HEFT 521
Prof. Dr.-Ing. Herwart Opitz und Dipl.-Ing. Karl-Eugen Schwartz, Laboratorium für Werkzeugmaschinen und Betriebslehre der Rhein.-Westf. Technischen Hochschule Aachen
Das Abrichten von Schleifscheiben mit Diamanten
1958. 58 Seiten, 34 Abb., 3 Tabellen. DM 17,15

HEFT 570
Prof. Dr.-Ing. habil. Karl Krekeler, Dr.-Ing. Heinz Peukert und Dipl.-Ing. Otto Schwartz, Aachen
Kerbempfindlichkeit thermoplastischer Kunststoffe abhängig von der Kerbform und der Beanspruchungstemperatur
1958. 39 Seiten, 24 Abb., 10 Tabellen. DM 13,30

HEFT 603
Prof. Dr.-Ing. Ludolf Engel und Dr.-Ing. Jochen Foerster, Bergakademie Clausthal-Zellerfeld
Gummielastische Stoffe als Dämpfungselemente an schlagenden Werkzeugen
1958. 48 Seiten, 36 Abb. DM 14,70

HEFT 605
Ing. Leonhard Bommes, Mönchengladbach
Bestimmung von Leistung und Wirkungsgrad eines Ventilators
1958. 45 Seiten, 29 Abb., 3 Tabellen. DM 12,60

HEFT 638
Prof. Dr.-Ing. Herwart Opitz, Dr.-Ing. Hermann Schuler und Dipl.-Ing. Paul-Heinz Brammertz, Verein Deutscher Ingenieure, Fachgruppe Betriebstechnik, Düsseldorf
Die Werkstückgüte beim Feindrehen und Feinschleifen und ihr Einfluß auf die Fertigungskosten
1958. 46 Seiten, 29 Abb. DM 12,80

HEFT 643
Max-Planck-Institut für Silikatforschung, Würzburg
Anisotropiemessungen an Schleifkörpern
1958. 38 Seiten, 22 Abb. DM 11,70

HEFT 664
Dr. phil. habil. Paul Hölemann und Ing. Rolf Hasselmann, Forschungsstelle für Acetylen, Düsseldorf-Reisholz
Die Bestimmung der Gasausbeute von Karbid
1958. 21 Seiten, 3 Abb., 5 Tabellen. DM 6,70

HEFT 693
Prof. Dr.-Ing. Otto Kienzle, Dr.-Ing. Friedrich Wilhelm Timmerbeil und Dr.-Ing. Thomas Jordan, Hannover
Einige Untersuchungen über das Schneiden von Blechen
1959. 55 Seiten, 42 Abb., 3 Tabellen. DM 17,40

HEFT 707
Prof. Dr.-Ing. habil. Karl Krekeler und Dipl.-Ing. Hans Verhoeven, Institut für Schweißtechnische Fertigungsverfahren an der Rhein.-Westf. Technischen Hochschule Aachen
Untersuchungen über Bolzenschweißverfahren
1959. 32 Seiten, 32 Abb. DM 11,—

HEFT 708
Prof. Dr.-Ing. habil. Karl Krekeler, Dr.-Ing. Heinz Peukert und Dipl.-Ing. Josef Zähren, Institut für Kohlenstoffverarbeitung an der Rhein.-Westf. Technischen Hochschule Aachen
Die Schweißbarkeit weicher Kunststoff-Schaumstoffe
1959. 33 Seiten, 28 Abb., 3 Tabellen. DM 10,90

HEFT 745
Prof. Dr.-Ing. Wilhelm Batel, Mitteilung aus dem Institut Aachen der Forschungsgesellschaft Verfahrenstechnik
Über die Zerkleinerung zwischen Mahlhilfskörpern in Schwing- und Rohrmühlen und über die Kennzeichnung und Analyse des Mahlgutes
1959. 94 Seiten. DM 27,30

HEFT 747
Dr.-Ing. Gerhard Seulen und Ing. Herbert Geisel, Verein Deutscher Ingenieure, VDI-Fachgruppe Betriebstechnik (ADB) Düsseldorf
Ermittlung der Einhärtungstiefen beim Induktionshärten mit einer Frequenz von 10 kHz
1959. 25 Seiten, 19 Abb., 2 Tabellen. DM 7,90

HEFT 764
Prof. Dr.-Ing. Herwart Opitz, Dr.-Ing. Henning Siebel und Dipl.-Ing. Reinhard Fleck, Laboratorium für Werkzeugmaschinen und Betriebslehre der Rhein.-Westf. Technischen Hochschule Aachen
Keramische Schneidstoffe
1959. 30 Seiten, 18 Abb. DM 9,80

HEFT 770
Dr.-Ing. Reinhard Bressler, Leverkusen
Untersuchung des Wärmeüberganges in einem Dünnschichtverdampfer
1960. 50 Seiten, 37 Abb. DM 15,30

HEFT 771
Dr.-Ing. Bruno Hille, Institut für Baumaschinen und Baubetrieb der Rhein.-Westf. Technischen Hochschule Aachen
Leiter: Prof. Dr. Georg Garbotz
Die Veränderungen des Kornaufbaues während des Betriebsablaufes beim Aufbereiten von bituminösem Mischgut unter besonderer Berücksichtigung des Durchganges der Körnungen durch die Trockentrommel
1959. 87 Seiten, 52 Abb., 20 Tabellen im Anhang. DM 32,60

HEFT 775
Prof. Dr.-Ing. Herwart Opitz und Dr.-Ing. Janez Peklenik, Laboratorium für Werkzeugmaschinen und Betriebslehre der Rhein.-Westf. Technischen Hochschule Aachen
Über den Aufbau und das Verhalten meßgesteuerter Werkzeugmaschinen
1959. 37 Seiten, 27 Abb. DM 11,40

HEFT 777
Prof. Dr.-Ing. Herwart Opitz und Dipl.-Ing. Paul-Heinz Brammertz, Laboratorium für Werkzeugmaschinen und Betriebslehre der Rhein.-Westf. Technischen Hochschule Aachen
Werkstückgüte und Fertigkeitskosten beim Innen-Feindrehen und Außenrund-Einstechschleifen
1959. 91 Seiten, 68 Abb. DM 25,30

HEFT 788
Prof. Dr.-Ing. Herwart Opitz, Laboratorium für Werkzeugmaschinen und Betriebslehre der Rhein.-Westf. Technischen Hochschule Aachen
Der Einsatz radioaktiver Isotope bei Zerspanungsuntersuchungen
1959. 35 Seiten, 23 Abb. DM 11,30

HEFT 806
Prof. Dr.-Ing. Herwart Opitz und Dr.-Ing. Rolf Piekenbrink, Laboratorium für Werkzeugmaschinen und Betriebslehre der Rhein.-Westf. Technischen Hochschule Aachen
Untersuchungen an Zahnradbearbeitungsmaschinen
1960. 95 Seiten, 81 Abb. DM 29,30

HEFT 809
Prof. Dr.-Ing. Herwart Opitz und Dipl.-Ing. H. H. Herold, Laboratorium für Werkzeugmaschinen und Betriebslehre der Rhein.-Westf. Technischen Hochschule Aachen
Untersuchung von elektro-mechanischen Schaltelementen
1960. 35 Seiten, 16 Abb. DM 11,—

HEFT 810
Prof. Dr.-Ing. Herwart Opitz und Dr.-Ing. Norbert Maas, Laboratorium für Werkzeugmaschinen und Betriebslehre der Rhein.-Westf. Technischen Hochschule Aachen
Das dynamische Verhalten von Lastschaltgetrieben
1960. 97 Seiten, 77 Abb. DM 29,50

HEFT 812
Prof. Dr.-Ing. Otto Kienzle und Dipl.-Ing. Klaus Mietzner, Institut für Werkzeugmaschinen und Umformtechnik an der Technischen Hochschule Hannover
Mikrogeometrische Veränderungen der Oberfläche bei Kaltumformvorgängen
1960. 47 Seiten, 38 Abb. DM 16,60

HEFT 820
Prof. Dr.-Ing. Herwart Opitz, Dipl.-Ing. Helmut Rohde und Dipl.-Ing. Wilfried König, Laboratorium für Werkzeugmaschinen und Betriebslehre der Rhein.-Westf. Technischen Hochschule Aachen
Untersuchungen der Spanformung durch Spanbrecher beim Drehen mit Hartmetallwerkzeugen
1960. 46 Seiten, 41 Abb. DM 15,80

HEFT 830
Prof. Dr.-Ing. Herwart Opitz und Dipl.-Ing. Wolfgang Backé, Laboratorium für Werkzeugmaschinen und Betriebslehre der Rhein.-Westf. Technischen Hochschule Aachen
Automatisierung des Arbeitsablaufes in der spanabhebenden Fertigung. Untersuchung eines unstetigen Nachformsystems mit einem elektrohydraulischen Stellglied
1960. 43 Seiten. 39 Abb. DM 14,60

HEFT 831
Prof. Dr.-Ing. Herwart Opitz, Dr.-Ing. Hans-Günther Rohs und Dr.-Ing. Gottfried Stute, Laboratorium für Werkzeugmaschinen und Betriebslehre der Rhein.-Westf. Technischen Hochschule Aachen
Statistische Untersuchungen über die Ausnutzung von Werkzeugmaschinen in der Einzel- und Massenfertigung
1960. 38 Seiten, 32 Abb. DM 13,—

HEFT 848
Dr.-Ing. Hans-Jochen Stöter, Institut für Werkzeugmaschinen und Umformtechnik der Technischen Hochschule Hannover
Untersuchung des Schmiedevorganges in Hammer und Presse, insbesondere hinsichtlich des Steigens
1960. 133 Seiten, 62 Abb., 8 Tabellen. DM 35,60

HEFT 864
Prof. Dr.-Ing. Herwart Opitz und Dr.-Ing. Gottfried Stute, Laboratorium für Werkzeugmaschinen und Betriebslehre der Rhein.-Westf. Technischen Hochschule Aachen
Funkenarbeit und Bearbeitungsergebnis bei der funkenerosiven Bearbeitung
1960. 44 Seiten, 19 Abb. DM 13,60

HEFT 894
Baudirektor Dr.-Ing. Wolfram Lindner, Staatliche Ingenieurschule für Maschinenwesen, Hagen
Vorschlag zur Vereinheitlichung der Hauptabmessungen an handelsüblichen Zahnradgetrieben
1960. 102 Seiten, 26 Abb., 21 Getriebeblätter, 38 Tabellen. DM 31,30

HEFT 898
Prof. Dr.-Ing. Herwart Opitz und Dipl.-Ing. Herbert de Jong, Laboratorium für Werkzeugmaschinen an der Rhein.-Westf. Technischen Hochschule Aachen
Untersuchung von Zahnradgetrieben und Zahnradbearbeitungsmaschinen in Zusammenarbeit mit der Industrie
1960. 58 Seiten, 52 Abb. DM 19,20

HEFT 900
Prof. Dr.-Ing. Herwart Opitz und Dr.-Ing. Johannes Bielefeld, Laboratorium für Werkzeugmaschinen und Betriebslehre der Rhein.-Westf. Technischen Hochschule Aachen
Modellversuche an Werkzeugmaschinenelementen
1960. 73 Seiten, 55 Abb. DM 21,—

HEFT 901
Prof. Dr.-Ing. Herwart Opitz, Dr.-Ing. Johannes Bielefeld und Dipl.-Ing. Werner Kalkert, Laboratorium für Werkzeugmaschinen und Betriebslehre der Rhein.-Westf. Technischen Hochschule Aachen
Lebensdauerprüfung von Zahnradgetrieben
1960. 54 Seiten, 46 Abb. DM 17,30

HEFT 905
Prof. Dr.-Ing. Franz Kollmann, Institut für Holzforschung und Holztechnik der Universität München
Untersuchung der wichtigeren Gebrauchseigenschaften von kunstharzbeschichteten Holzfaser- und Holzspanplatten
1960. 102 Seiten, 38 Abb., 12 Tabellen. DM 30,40

HEFT 927
Civilingenjör Lennart Junghahn, Institut für Verfahrenstechnik der GVT der Rhein.-Westf. Technischen Hochschule Aachen
Untersuchungen über die Krustenbildung an metallischen Werkstoffen
1960. 91 Seiten, 44 Abb., 4 Tabellen. DM 27,25

HEFT 928

Prof. Dr.-Ing. Herwart Opitz, Dipl.-Ing. Helmut Rohde und Dipl.-Ing. Wilfried König, Laboratorium für Werkzeugmaschinen und Betriebslehre der Rhein.-Westf. Technischen Hochschule Aachen

Untersuchung des Räumvorganges

1961. 115 Seiten, 90 Abb. DM 36,10

HEFT 929

Prof. Dr.-Ing. Herwart Opitz, Dr.-Ing. Henning Siebel, Dipl.-Ing. Reinhard Fleck und Dipl.-Ing. Franz Altdorf, Laboratorium für Werkzeugmaschinen und Betriebslehre der Rhein.-Westf. Technischen Hochschule Aachen

Richtwerte für das Fräsen von unlegierten und legierten Baustählen mit Hartmetall. - Teil III

1961. 64 Seiten, 57 Abb., 7 Tabellen. DM 21,30

HEFT 930

Prof. Dr.-Ing. Herwart Opitz und Dipl.-Ing. Rolf Umbach, Laboratorium für Werkzeugmaschinen und Betriebslehre der Rhein.-Westf. Technischen Hochschule Aachen

Modellversuch zur dynamischen Versteifung von Werkzeugmaschinen durch Ankopplung gedämpfter Hilfsmassensysteme

1961. 37 Seiten, 30 Abb. DM 13,30

HEFT 934

Prof. Dr.-Ing. Alfred H. Henning, Dr.-Ing. Heinz Peukert und Friedrich Mittrop, Institut für Kunststoffverarbeitung der Rhein.-Westf. Technischen Hochschule Aachen

Auswertung der in- und ausländischen Literatur auf dem Gebiete des Metallklebens. Teil II

1961. 143 Seiten. DM 36,90

HEFT 935

Dr. phil. nat. Erhard Herre, Essen

Korrosionsschutzmaßnahmen in Warmwasseranlagen unter Anwendung von Impfphosphaten und des kathodischen Schutzverfahrens mit Magnesium-Anoden

1961. 110 Seiten, 72 Abb., 7 Tabellen. DM 33,80

HEFT 955

Prof. Dr.-Ing. Herwart Opitz und Dipl.-Ing. Hans Uhrmeister, Laboratorium für Werkzeugmaschinen und Betriebslehre der Rhein.-Westf. Technischen Hochschule Aachen

Die dynamischen Eigenschaften hydraulischer Vorschubmotoren für Werkzeugmaschinen

1961. 60 Seiten, 66 Abb. DM 20,—

HEFT 965

Prof. Dr.-Ing. Dr. h. c. Herwart Opitz und Dipl.-Ing. Helmut Frank, Laboratorium für Werkzeugmaschinen und Betriebslehre der Rhein.-Westf. Technischen Hochschule Aachen

Richtwerte für das Außenrundschleifen

1961. 78 Seiten, 49 Abb., 4 Tabellen. DM 23,20

HEFT 966

Prof. Dr.-Ing. Dr. E. h. Otto Kienzle und Dr.-Ing. Klaus Grüning, Verein Deutscher Ingenieure, Düsseldorf

Über die Beanspruchungsverhältnisse in Blockaufnehmern von Strangpressen

1961. 136 Seiten, 70 Abb., 7 Tafeln. DM 40,70

HEFT 994

Dipl.-Phys. Ernst Schmidt, Institut für Verfahrenstechnik der GVT der Rhein.-Westf. Technischen Hochschule Aachen

Über die Entwicklung eines adiabatischen Kalorimeters zur genauen Messung von spezifischen Wärmen körniger und pulverförmiger Stoffe

1961. 74 Seiten, 24 Abb., 4 Tabellen. DM 21,—

HEFT 1007

Prof. Dr.-Ing. Dr. h. c. Herwart Opitz und Dr.-Ing. Gottfried Stute, Laboratorium für Werkzeugmaschinen und Betriebslehre der Rhein.-Westf. Technischen Hochschule Aachen

Berechnung der Funkenarbeit aus den elektrischen Daten der Arbeitskreiselemente von Funkenerosionsmaschinen

1961. 43 Seiten, 9 Abb. DM 14,80

HEFT 1008

Prof. Dr.-Ing. Dr. h. c. Herwart Opitz und Dr.-Ing. Paul-Heinz Brammertz, Laboratorium für Werkzeugmaschinen und Betriebslehre der Rhein.-Westf. Technischen Hochschule Aachen

Untersuchung der Ursachen für Form- und Maßfehler bei der Feinbearbeitung

1961. 43 Seiten, 32 Abb. DM 15,20

HEFT 1010

Prof. Dr.-Ing. Dr. h. c. Herwart Opitz, Dr.-Ing. Paul Kips, Laboratorium für Werkzeugmaschinen und Betriebslehre der Rhein.-Westf. Technischen Hochschule Aachen

Grundlagen des elektroerosiven Schleifens bei der Werkzeugaufbereitung

1961, 68 Seiten, 40 Abb., 6 Tabellen. DM 21,70

HEFT 1011

Prof. Dr.-Ing. Dr. h. c. Herwart Opitz, Dr.-Ing. Günter Ostermann und Dipl.-Ing. Max Gappisch, Laboratorium für Werkzeugmaschinen und Betriebslehre der Rhein.-Westf. Technischen Hochschule Aachen

Untersuchung der Ursachen des Werkzeugverschleißes

1961. 63 Seiten, 37 Abb., 3 Tabellen. DM 23,90

HEFT 1059

Dipl.-Ing. Ewald Reiners, Institut Verfahrenstechnik der GVT der Rhein.-Westf. Technischen Hochschule Aachen

Der Mechanismus der Prallzerkleinerung beim geraden, zentralen Stoß und die Anwendung dieser Beanspruchungsart bei der Zerkleinerung, insbesondere bei der selektiven Zerkleinerung von spröden Stoffen

1962. 64 Seiten, 24 Abb., 1 Tabelle. DM 22,60

HEFT 1060
Dipl.-Ing. Robert Rautenbach, Institut Verfahrenstechnik der GVT der Rhein.-Westf. Technischen Hochschule Aachen
Das Fließverhalten von Kunststoff im Walzspalt, untersucht am Beispiel von Polyäthylen
1961. 46 Seiten, 25 Abb., 1 Tabelle. DM 17,—

HEFT 1070
Prof. Dr.-Ing. Dr. h. c. Herwart Opitz und Dipl.-Ing. Hans-Hermann Herold, Laboratorium für Werkzeugmaschinen und Betriebslehre der Rhein.-Westf. Technischen Hochschule Aachen
Elektromechanische Kopiersteuerungen
1962. 102 Seiten, 74 Abb. DM 33,90

HEFT 1150
Prof. Dr.-Ing. Dr. h. c. Herwart Opitz, Dr.-Ing. Paul-Heinz Brammertz und Dr.-Ing. Ernst H. Kohlhage, Laboratorium für Werkzeugmaschinen und Betriebslehre der Rhein.-Westf. Technischen Hochschule Aachen
Untersuchungen zum Leistungsvergleich der Feinbearbeitungsverfahren
1963. 60 Seiten, 47 Abb. DM 31,20

HEFT 1181
Prof. Dr.-Ing. Joseph Mathieu, Dipl.-Ing. Kurt Gollnow, Forschungsinstitut für Rationalisierung der Rhein.-Westf. Technischen Hochschule Aachen
Beitrag zur Rationalisierung handwerklicher Betriebe - Entwicklung einer Untersuchungsmethode, dargestellt am Beispiel des Schreinerhandwerks
1963. 118 Seiten, 19 Abb., zahlreiche Übersichten. DM 62,50

HEFT 1182
Prof. Dr.-Ing. Alfred Kuhlenkamp und Dipl.-Ing. Ernst Reuter, Institut für Feinwerktechnik und Regelungstechnik der Technischen Hochschule Braunschweig
Entwicklung eines Drehmomenten-Meßgerätes
1963. 40 Seiten, 27 Abb. DM 18,90

HEFT 1216
Prof. Dr.-Ing. Joseph Mathieu, Dr.-Ing. Johann Heinrich Jung und Dr. rer. nat. Konstantin Behnert, Forschungsinstitut für Rationalisierung der Rhein.-Westf. Technischen Hochschule Aachen
Ein Verfahren zur Planung der Maschinenbelegung in einer Fertigungsstufe
1963. 39 Seiten, 18 Abb. DM 19,50

HEFT 1265
Dipl.-Ing. Fulvio Fonzi,
Institut für Arbeitswissenschaft
der Rhein.-Westf. Technischen Hochschule Aachen
Direktor: Prof. Dr.-Ing. Joseph Mathieu
Beitrag zur Anwendung mathematischer Methoden für eine wirtschaftlichere Gestaltung der Fertigung
1964. 78 Seiten, 36 Abb. DM 48,50

HEFT 1312
Prof. Dr.-Ing. Dr. h. c. Herwart Opitz, und Dr.-Ing. Ernst Hermann Kohlhage, Laboratorium für Werkzeugmaschinen und Betriebslehre an der Rhein.-Westf. Technischen Hochschule Aachen
Zuordnung der Oberflächengüte zur ISA-Maßtoleranz
1964. 68 Seiten, 34 Abb., 8 Tabellen. DM 36,—

HEFT 1440
Prof. Dr.-Ing. Alfred H. Henning †, Dipl.-Ing. Gerhard Glasmacher und Dipl.-Ing. Josef Zöhren, Institut für Kunststoffverarbeitung in Industrie und Handwerk an der Rhein.-Westf. Technischen Hochschule Aachen
Untersuchung und Entwicklung von Prüfverfahren für Kunststoff-Schweißverbindungen
1964. 51 Seiten, 47 Abb. DM 24,50

HEFT 1505
Prof. Dr.-Ing. Alfred H. Henning †, Prof. Dr.-Ing. habil. Karl Krekeler und Dipl.-Ing. J. Eilers, Institut für Kunststoffverarbeitung in Industrie und Handwerk an der Rhein.-Westf. Technischen Hochschule Aachen
Zusammenstellung verschiedener Verbindungsmöglichkeiten für Kunststoffrohre und Festigkeitsuntersuchungen an PVC- und PE-Rohren und deren Verbindungen
In Vorbereitung

HEFT 1506
Prof. Dr.-Ing. Alfred H. Henning †, Prof. Dr.-Ing. habil. Karl Krekeler und Dipl.-Ing. Arne Rothenpieler, Institut für Kunststoffverarbeitung in Industrie und Handwerk an der Rhein.-Westf. Technischen Hochschule Aachen
Untersuchungen über die Änderung der Festigkeitseigenschaften von Polyäthylen durch Warmrecken
1965. 36 Seiten, 31 Abb. DM 20,50

HEFT 1507
Prof. Dr.-Ing. Alfred H. Henning †, Prof. Dr.-Ing. habil. Karl Krekeler und Dipl.-Ing. P. Klenk, Institut für Kunststoffverarbeitung in Industrie und Handwerk an der Rhein.-Westf. Technischen Hochschule Aachen
Qualitätsuntersuchungen an Kunststoffrohren
In Vorbereitung

HEFT 1508
Prof. Dr.-Ing. Alfred H. Henning †, Prof. Dr.-Ing. habil. Karl Krekeler, Dipl.-Ing. Arne Rothenpieler und Dipl.-Ing. Rainer Taprogge, Institut für Kunststoffverarbeitung in Industrie und Handwerk an der Rhein.-Westf. Technischen Hochschule Aachen
Einfluß des Umformgrades auf die Kaltsprödigkeit thermoplastischer Kunststoffe

HEFT 1509
Dr.-Ing. Karl-Heinz Kaps, Forschungsinstitut für Rationalisierung an der Rhein.-Westf. Technischen Hochschule Aachen
Die Bedeutung der Lagerhaltung für die Produktionsplanung in Industriebetrieben
In Vorbereitung

HEFT 1525

Prof. Dr.-Ing. Alfred H. Henning †, Prof. Dr.-Ing. habil. Karl Krekeler und Dipl.-Ing. H. W. Rotthaus, Institut für schweißtechnische Fertigungsverfahren der Rhein.-Westf. Technischen Hochschule Aachen

Untersuchung möglicher Zwangslagenschweißung mit dem Kohlensäure-Schweißverfahren

HEFT 1526

Prof. Dr.-Ing. Alfred H. Henning †, Prof. Dr.-Ing. habil. Karl Krekeler und Dipl.-Ing. Alfried Meyer, Institut für schweißtechnische Fertigungsverfahren der Rhein.-Westf. Technischen Hochschule Aachen

Untersuchungen zum Buckelschweißen von Stahlblechen unter Verwendung verschiedener Buckeltypen *In Vorbereitung*

HEFT 1527

Prof. Dr.-Ing. Alfred H. Henning †, Prof. Dr.-Ing. habil. Karl Krekeler und Dr.-Ing. Horst Ernenputsch, Institut für schweißtechnische Fertigungsverfahren der Rhein.-Westf. Technischen Hochschule Aachen

Automatische Auftragsschweißung nach dem Metall-Lichtbogen-Verfahren unter Kohlendioxyd als Schutzgas *In Vorbereitung*

HEFT 1528

Prof. Dr.-Ing. Alfred H. Henning †, Prof. Dr.-Ing. habil. Karl Krekeler, Dr.-Ing. Salil Kumar Pal und Dipl.-Ing. Hans Verhoeven, Institut für schweißtechnische Fertigungsverfahren der Rhein.-Westf. Technischen Hochschule Aachen

Doppelkopfschweißen und Doppeldrahtschweißen nach dem Metall-Lichtbogen-Verfahren unter Verwendung von Kohlendioxyd als Schutzgas

In Vorbereitung

HEFT 1529

Prof. Dr.-Ing. Alfred H. Henning †, Prof. Dr.-Ing. habil. Karl Krekeler und Dipl.-Ing. F. Walter, Institut für schweißtechnische Fertigungsverfahren der Rhein.-Westf. Technischen Hochschule Aachen

Schutzgasschweißen mit abschmelzender Elektrode unter Verwendung verschiedener Gasgemische

In Vorbereitung

HEFT 1532

Prof. Dr.-Ing. Dr. h. c. Herwart Opitz, Dr.-Ing. Helmut Frank, Dipl.-Ing. Wilhelm Ernst und Dipl.-Ing. Otto Daude, Laboratorium für Werkzeugmaschinen und Betriebslehre der Rhein.-Westf. Technischen Hochschule Aachen

Untersuchungen über den Einfluß des Schleifscheibenaufbaues und der Zerspanungsbedingungen auf die Ausbildung der Schneidfläche der Schleifscheibe im Hinblick auf das Arbeitsergebnis

In Vorbereitung

HEFT 1535

Prof. Dr.-Ing. habil. Karl Krekeler und Dipl.-Ing. Rainer Taprogge, Institut für Kunststoffverarbeitung in Industrie und Handwerk an der Rhein.-Westf. Technischen Hochschule Aachen

Untersuchungen zur Bestimmung des Zeitstandverhaltens thermoplastischer Kunststoffe bei Zug- und Biegebeanspruchung *In Vorbereitung*

HEFT 1572

Prof. Dr.-Ing. Dr. h. c. Herwart Opitz und Dr.-Ing. E. Schaller, Laboratorium für Werkzeugmaschinen und Betriebslehre der Rhein.-Westf. Technischen Hochschule Aachen

Untersuchung der Ursachen des Werkzeugverschleißes *In Vorbereitung*

Verzeichnisse der Forschungsberichte aus folgenden Gebieten können beim Verlag angefordert werden: Acetylen/Schweißtechnik – Arbeitswissenschaft – Bau/Steine/Erden – Bergbau – Biologie – Chemie – Eisenverarbeitende Industrie – Elektrotechnik/Optik – Energiewirtschaft – Fahrzeugbau/Gasmotoren – Farbe/Papier/Photographie – Fertigung – Funktechnik/Astronomie – Gaswirtschaft – Holzbearbeitung – Hüttenwesen/Werkstoffkunde – Kunststoffe – Luftfahrt/Flugwissenschaften – Luftreinhaltung – Maschinenbau – Mathematik – Medizin/Pharmakologie/NE-Metalle – Physik – Rationalisierung – Schall/Ultraschall – Schiffahrt – Textiltechnik/Faserforschung/Wäschereiforschung – Turbinen – Verkehr – Wirtschaftswissenschaft.

WESTDEUTSCHER VERLAG · KÖLN UND OPLADEN
567 Opladen/Rhld., Ophovener Straße 1-3

GPSR Compliance
The European Union's (EU) General Product Safety Regulation (GPSR) is a set of rules that requires consumer products to be safe and our obligations to ensure this.

If you have any concerns about our products, you can contact us on

ProductSafety@springernature.com

In case Publisher is established outside the EU, the EU authorized representative is:

Springer Nature Customer Service Center GmbH
Europaplatz 3
69115 Heidelberg, Germany

www.ingramcontent.com/pod-product-compliance
Ingram Content Group UK Ltd.
Pitfield, Milton Keynes, MK11 3LW, UK
UKHW061657190726
13853UKWH00008B/2264

* 9 7 8 3 6 6 3 0 6 2 6 3 9 *